DICTIONNAI

DES

SCIENCES NATURE.

Planches.

2.ᵉ PARTIE : RÈGNE ORGANISÉ.

Zoologie.

POISSONS ET REPTILES,

PAR

M. HIPPOLYTE CLOQUET,

Docteur en médecine de la Faculté de Paris, Membre titulaire de l'Aca-
démie royale de médecine, des Sociétés philomatique et d'histoire
naturelle de Paris, etc.

PARIS,

F. G. LEVRAULT, LIBRAIRE-ÉDITEUR, rue de la Harpe, n.º 81,
Même maison, rue des Juifs, n.º 33, à STRASBOURG.
1816 — 1830.

TABLE DES PLANCHES

DU

DICTIONNAIRE DES SCIENCES NATURELLES.

ZOOLOGIE.

POISSONS.

N.º d'ordre.	FAMILLES.	GENRES ET ESPÈCES.	Tome.	Page.	N.º du cahier.
1	APHYOSTOMES....	Centrisque bécasse-de-mer.	7	386	22
		Amphisile cuirassé.......	2 S.	26	
2	PLÉCOPTÈRES.....	Cycloptère lompe........	12	293	23
3	Idem..........	Cyglogastre Liparis	12	285	22
		Lépadogastère Gouan.....	26	4	
4	Idem, LÉIOPOMES	Ophicéphale ponctué.....	36	172	55
		Lépadogastère balbis	26	4	
5	OSTÉODERMES....	Ostracion à oreilles......	9	560	5
		⸗ triangulaire....	9	554	
6	Idem..........	Diodon antennifère......	13	281	
		Tétraodon à lignes.......	53	336	
7	Idem..........	Hippocampe filamenteux..	21	179	6
		Syngnathe aiguille.......	51	478	
8	Idem..........	Poisson lune ou môle....	36	479	22
9	ÉLEUTHÉROPOMES.	Pégase dragon..........	38	225	13
		Polyodon feuille	42	363	
10	Idem..........	Grand esturgeon........	15	383	21
11	CHISMOPNÉES....	Baudroie commune.......	4	137	20
			4	151	
			8	598	
			27	180	
		Chironecte hérissé	8	597	
12	Idem..........	Lophie vespertilion	28	457	19
		Alutère monocéros.......	1 S.	135	
13	Idem..........	Baliste américain	3 S.	171	4
			3	472	
14	Idem..........	Chimère arctique	8	581	20
15	Idem..........	Callorhinque antarctique..	6 S.	47	5
16	Idem..........	Monacanthe velu........	32	425	4
		Triacanthe indien	21	299	
17	CYCLOSTOMES....	Grande lamproie........	39	318	19
18	Idem..........	Pétromyzon gros-œil.....	39	312	2
		Ammocète rouge	2 S.	15	

FIN DE LA TABLE DES POISSONS.

TABLE

TABLE DES PLANCHES

D U

DICTIONNAIRE DES SCIENCES NATURELLES.

ZOOLOGIE.

REPTILES.

FIN DE LA TABLE DES REPTILES.

TABLE

ALPHABÉTIQUE DES PLANCHES DES REPTILES.

(Le chiffre indique l'ordre de la planche.)

Pretre pinx.^t   Turpin direx.^t   Me Massard sculp.^t

1. CENTRISQUE béçasse de mer.

2. AMPHISILE cuirassé.

1.a. Coupe du corps du Centrisque. 2.a. Idem. de l'Amphisile.

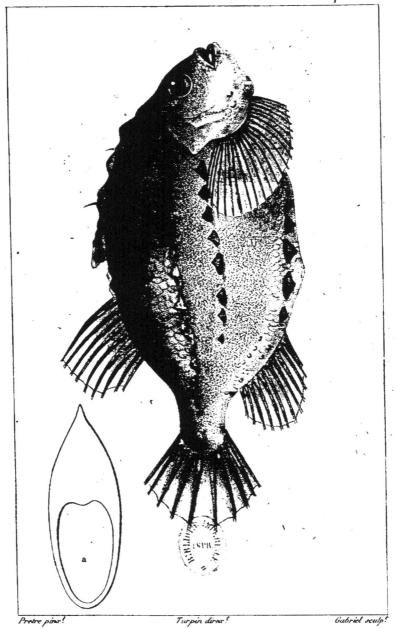

Prêtre pinx. Turpin direx. Gabriel sculp.

CYCLOPTÈRE lompe.

a. *Coupe du corps.*

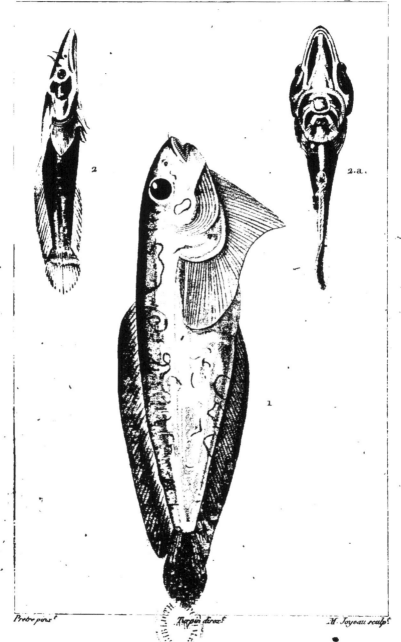

Prebre pinx.t   Rapin direx.t   M. Joyeau sculp.t

1. CYCLOGASTRE Liparis.

2. LEPADOGASTERE Gouan.

2.a. *Le même, vu en dessous.*

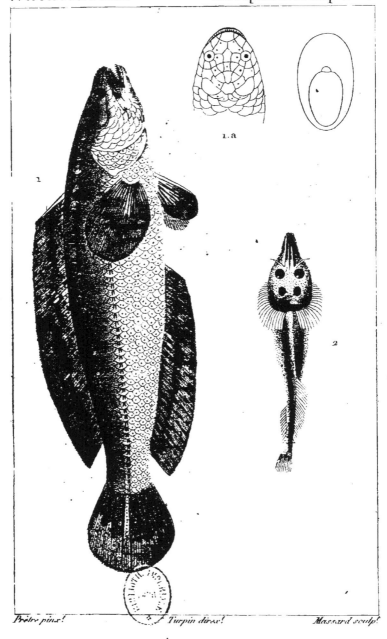

Prêtre pinx.   Turpin direx.   Massard sculp.

1. OPHICÉPHALE ponctué.

2. LÉPADOGASTÈRE Balbis.

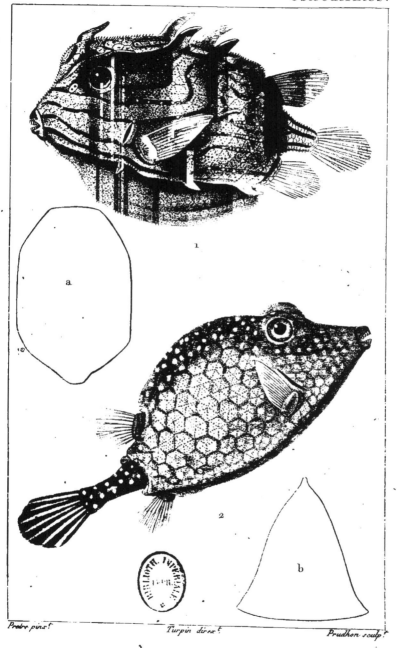

Prebre pinx.   Turpin direx.   Prudhon sculp.

1. OSTRACION à oreilles. a . *sa coupe.*

2. OSTRACION triangulaire *(Bloch.)* b . *sa coupe.*

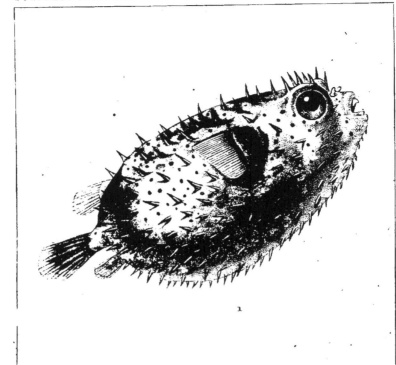

1

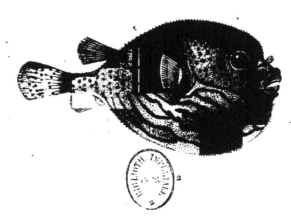

2

Prêtre pinx!   *Turpin direx!*   *Forestier sculp!*

1. DIODON antennifère.

2. TÉTRAODON à lignes; *(Bloch.)*

Pretre pinx.ᵗ   Turpin direx.ᵗ   Forestier sculp.

1. HIPPOCAMPE FILAMENTEUX.

2. SYNGNATHE AIGUILLE.

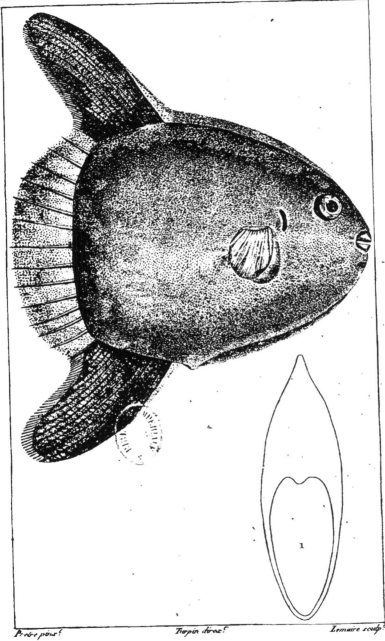

Prêtre pinx.!   Rapin direx.!   Lemaire sculp.!

POISSON LUNE ou la MÒLE.

1. *Coupe transversale du corps.*

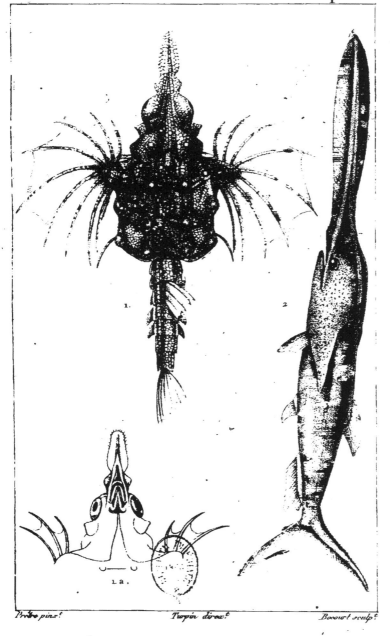

Bredre pinx.   Turpin direx.   Bocourt sculp.

1. PÉGASE dragon. 1.a. *tête vue en dessous.*

2. POLYODON feuille.

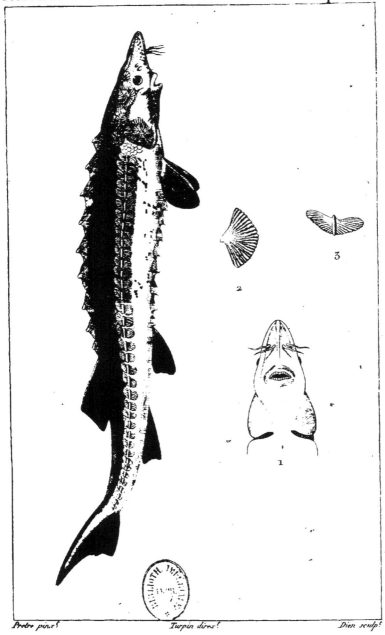

Pretre pinx.   *Turpin direx.*   *Dien sculp.*

GRAND ESTURGEON.

1. *Sa tête vue en dessous.* 2. *Ecusson dorsal.* 3. *Ecusson latéral.*

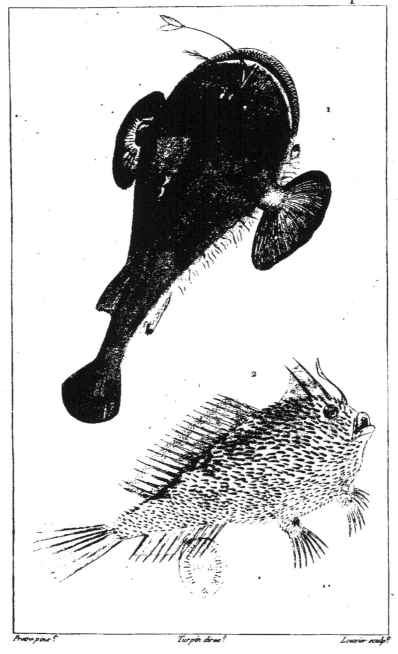

1

2

Prêtre pinx.ᵗ   Turpin direx.ᵗ   Louvier sculp.ᵗ

1. BAUDROIE commune.

2. CHIRONECTE herissé.

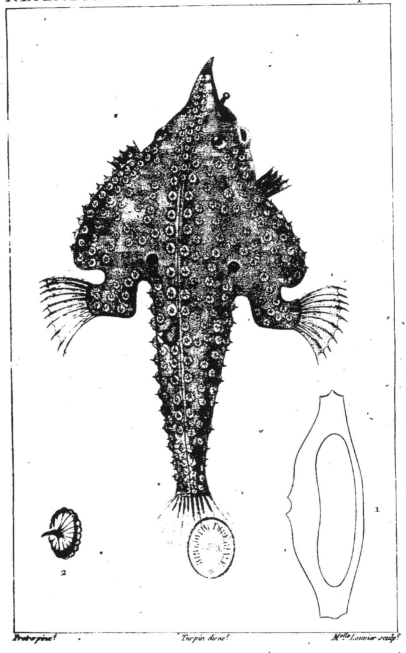

Petropine?   Turpin direx?   M.elle Louvier sculp?

LOPHIE vespertilion.

1.Coupe transversale du corps. 2.Un des tubercules de la peau, isolé.

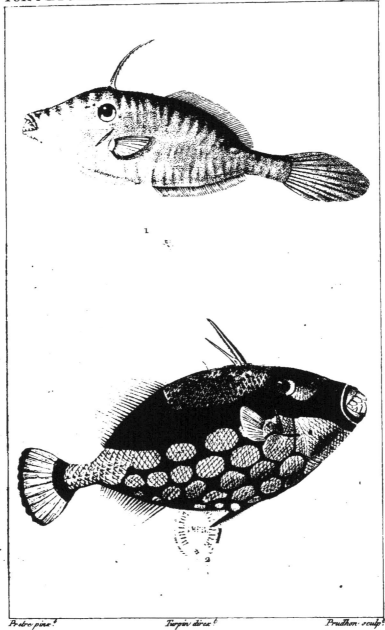

Prebre pinx.   Turpin direx.   Prudhon sculp.

1. ALUTÈRE monocéros.

2. BALISTE américain. *(Lacép.)*

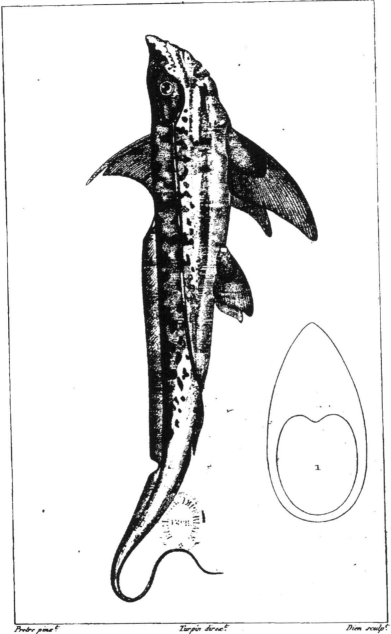

Prêtre pinx.t   Turpin direx.t   Dien sculp.t

CHIMÈRE arctique.

1. *Sa coupe transversale.*

Pretre pinx.^t   Turpin direx.^t   Prudhon sculp.^t

1. CALLORHINQUE antarctique . *femelle* .

2. *Tête d'un individu mâle vue en dessous.*

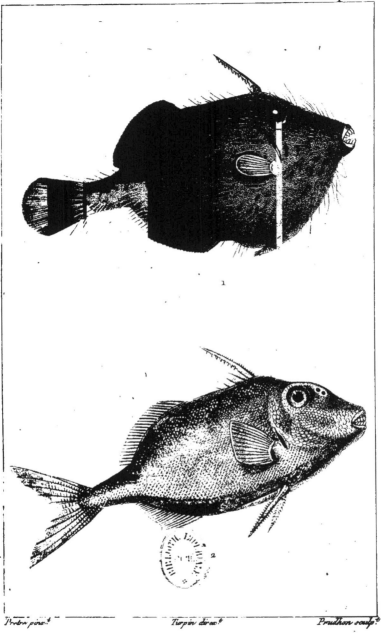

1. MONACANTHE velu. *(Cuv.)*

2. TRIACANTHE indien.

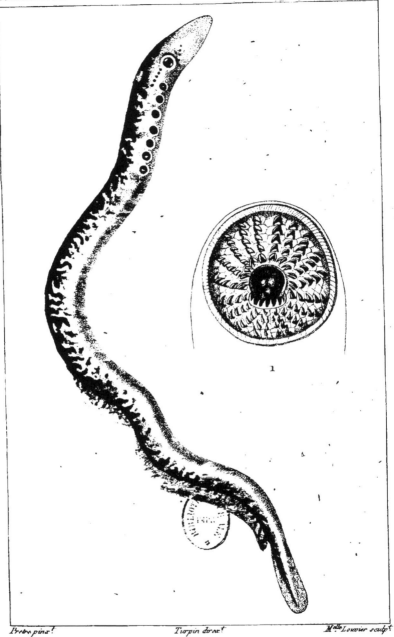

Probin pinx.ᵗ   Turpin direx.ᵗ   Mᵉˡˡᵉ Louvier sculp.ᵗ

Grande LAMPROIE.

1. Ouverture de la bouche.

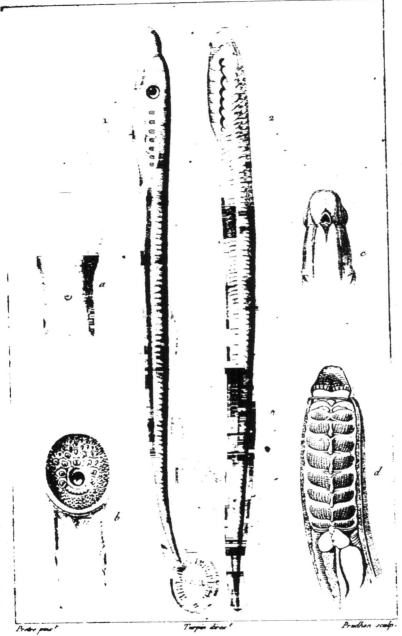

Bctev pinx.   Turpin direx.   Prudhon sculp.

1 PÉTROMYZON Gros-Œil. { a. sa tête vue en dessus avec l'évent.
                        { b. sa tête en dessous avec la bouche et les dents.

2 AMMOCÈTE Rouge. { c. la tête et l'évent vus en dessus.
                   { d. la bouche et la cavité des branchies ouvertes en dessous.

Prêtre pinx!   Turpin dir os!   .kouviers sculp!

RHINOBATE lisse.

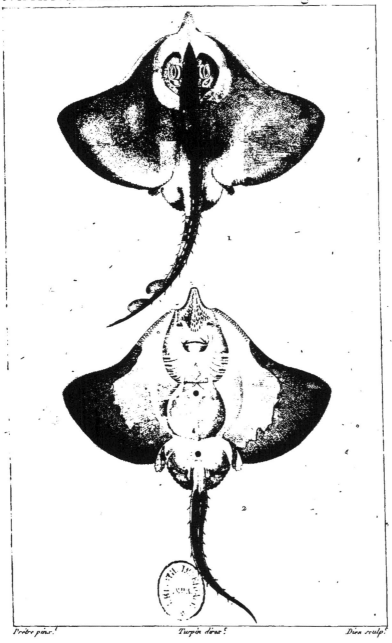

Prêtre pinx.' Turpin direx.' Dien sculp.'

1 RAYE bordée.

2. *La même, vue en dessous.*

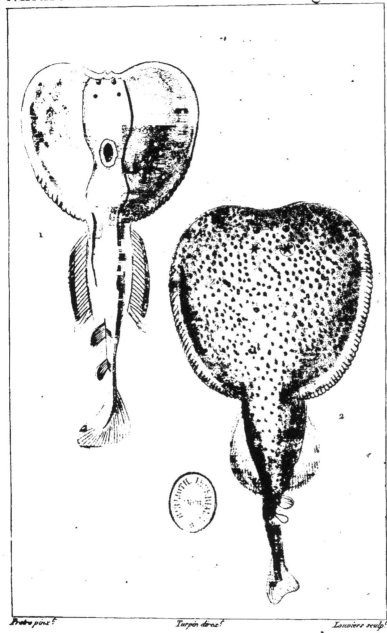

Prêtre pinx.*   Turpin direx.*   Louviers sculp.*

1. TORPILLE à une tache.

2. TORPILLE marbrée.

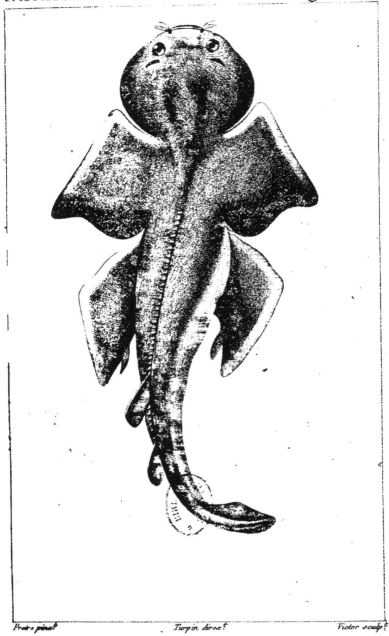

Prêtre pinx.ᵗ   Turpin direx.ᵗ   Victor sculp.ᵗ

SQUATINE ange de mer.

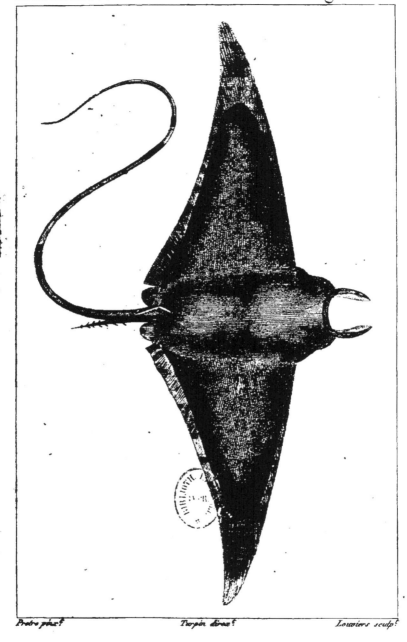

Prêtre pinx.ᵗ Turpin direx.ᵗ Louvier sculp.ᵗ

CÉPHALOPTÈRE Giorna.

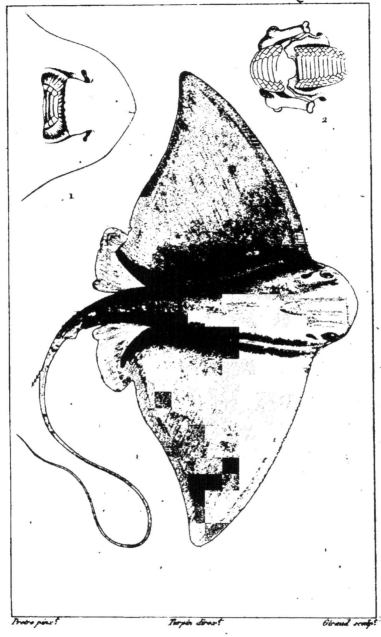

Pretre pinx.?   Turpin direx.?   Giraud sculp.?

MYLIOBATE aigle.

1. *Sa tête vue en dessous.* 2. *Disposition de ses dents.*

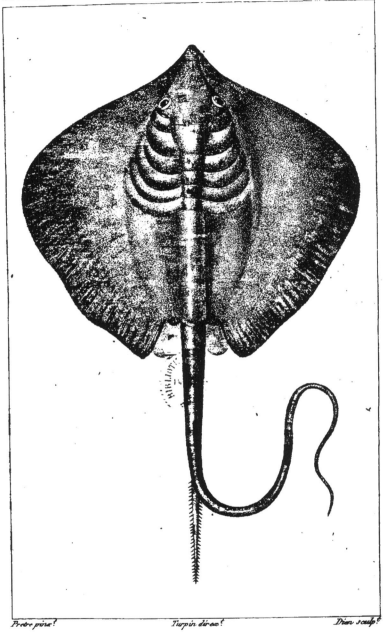

Pretre pinx.!   Turpin direx.!   Dien sculp.!

PASTENAGUE commune.

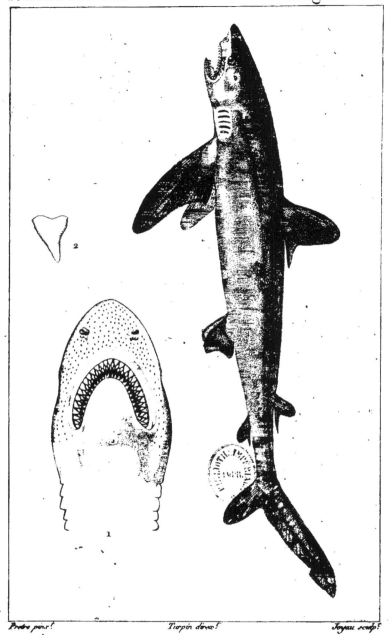

Pretre pinx.ᵗ   Turpin direx.ᵗ   Joyau sculp.ᵗ

REQUIN.

1. *Tête vue en dessous.* 2. *Dent isolée.*

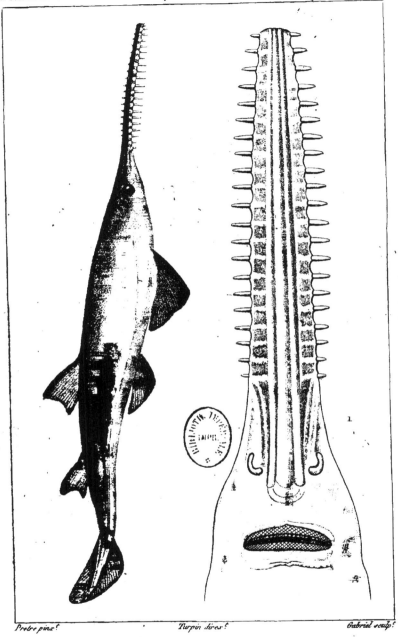

Pretre pinx.ᵗ   Turpin direx.ᵗ   Gabriel sculp.ᵗ

SCIE commune.

1. *Sa tête vue en dessous.*

Prêtre pinx.t   Turpin direx.t   Louvier sculp.t

1. LAMIE nez.

2. LEICHE bouclée.

MILANDRE.

1. *Tête et coupe du corps vue en dessous.*

PÉLERIN très grand.

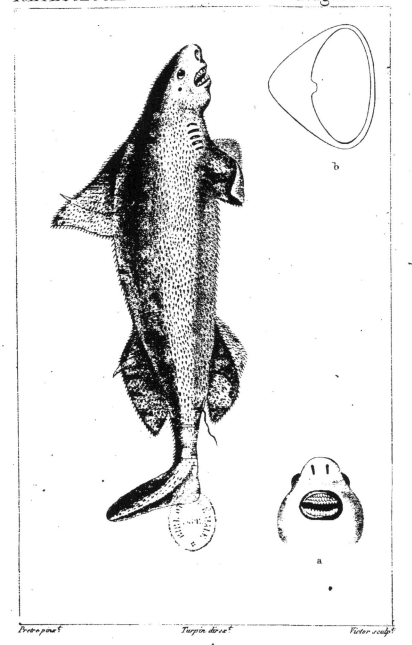

CENTRINE Humantin.

a. *La tête vue en dessous.* b. *Coupe transversale du corps.*

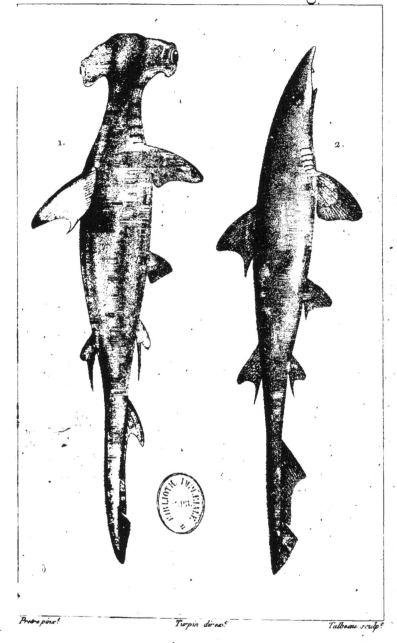

Petropina.   Turpin direx.t   Talbeau sculp.t

1.-ZYGÈNE marteau.

2.ÉMISSOLE commune.

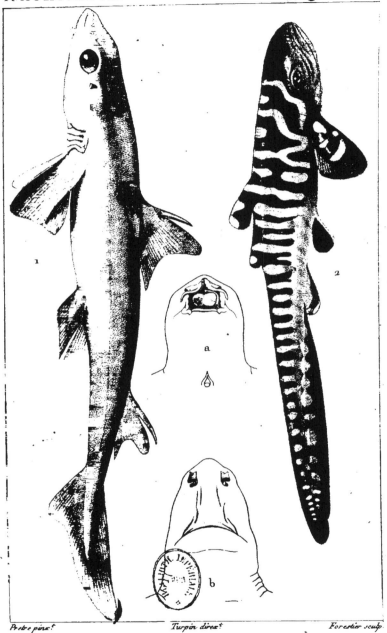

Prêtre pinx.ᵗ   Turpin direx.ᵗ   Forestier sculp.

1. L'AIGUILLAT. a. *sa tête vue en dessous.*

2. LA ROUSSETTE TIGRÉE. b. *sa tête vue en dessous.*

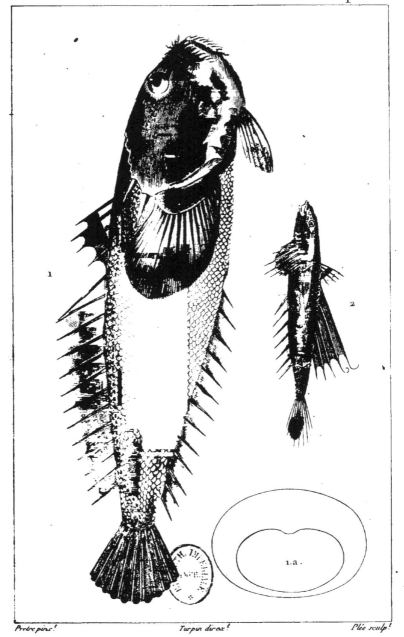

Pretre pinx.　　　　Turpin direx.　　　　Plée sculp.

1. URANOSCOPE rude

1. a . *Coupe du corps*

2. CALLIONYME petit.

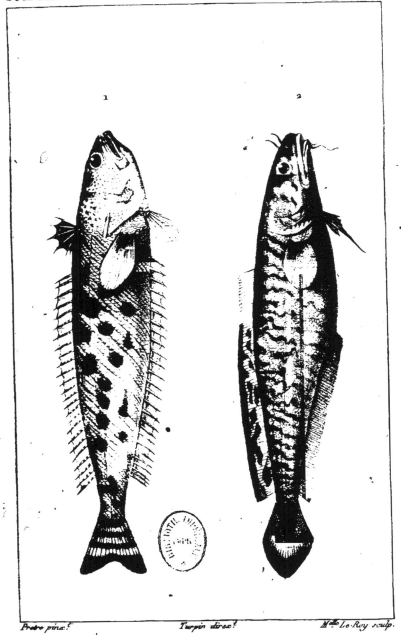

1   2

Prêtre pinx.ᵗ   Turpin direx.ᵗ   Mᵉˡˡᵉ Le Roy sculp.

1. TRACHINE rayé.

2. LOTTE commune.

Prêtre pinx!   *Turpin direx!*   *Massard sculp!*

1. CABELIAU *ou* morue ordinaire.

2. MERLAN vulgaire.

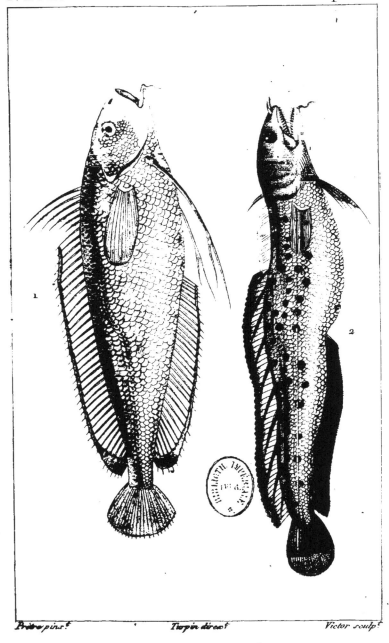

Prêtre pinx.t   Turpin direx.t   Victor sculp.t

1. PHYCIS barbu.

2. MUSTÈLE commune.

Prêtre pinx.ᵗ   Turpin direx.ᵗ   Victor sculp.ᵗ

1. MACROURE berghlax.

2. LÉPIDOLÈPRE cælorhinque.

Prêtre pinx!   Turpin direx!   Massard sculp!

1. POMACENTRE Paon-de-mer.

2. PLECTORHYNQUE chétodonoïde.

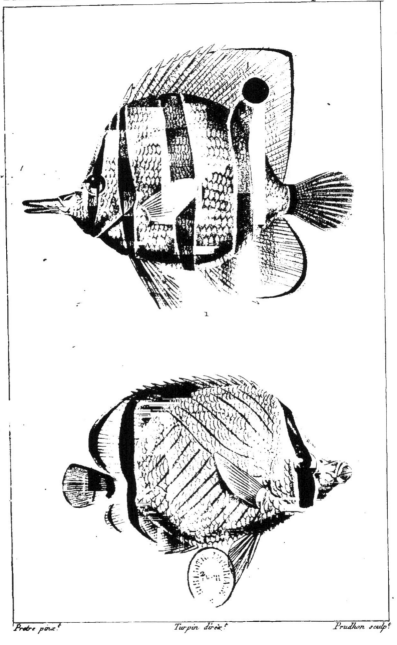

Prêtre pinx.^t   Turpin direx.^t   Prudhon sculp.^t

1. CHELMON bec-allongé, *(Cuvier.)*

2. CHÉTODON vagabond, *(Bloch.)*.

Pretre pinx.   *Turpin direx.*   *Boquet jeune sculp.*

1 ACANTHOPODE argenté.

2 ACANTHINION à trois taches.

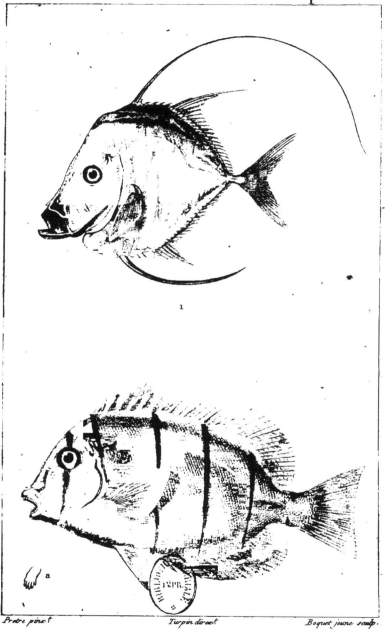

Prêtre pinx.t   Turpin direx.t   Boquet jeune sculp.

1 VOMER de Brown.

2 ACANTHURE chirurgien. a. *dent séparée et grossie.*

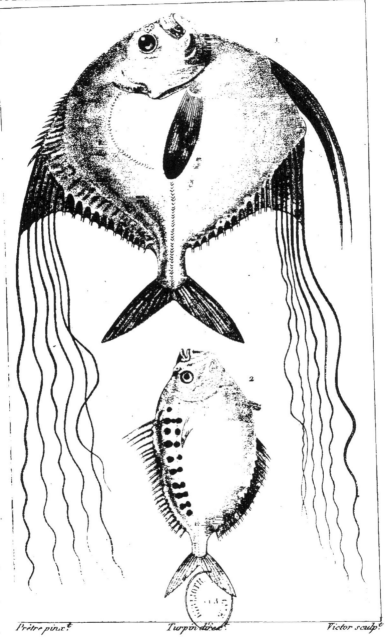

Prètre pinx.t   Turpin direx.t   Victor sculp.t

1. CILIAIRE à filamens.

2. POULAIN rusé.

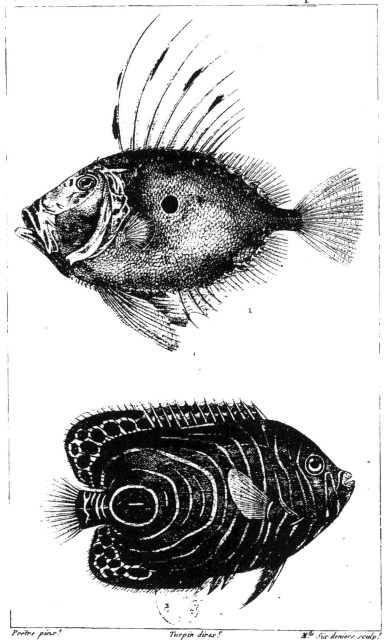

Prêtre pinx.ᵗ   Turpin direx.ᵗ   M.ᵈˡ Six deniers sculp.ᵗ

1. DORÉE forgeron.

2. HOLACANTHE géométrique.

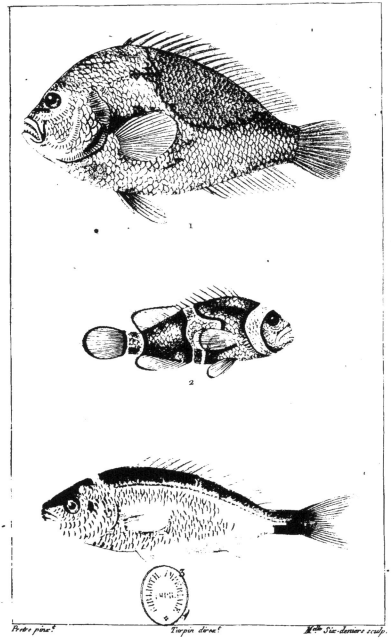

Pretre pinx.   Turpin direx.   M.elle Six-deniers sculp.

1. AMPHIPRION ephippium.
2. AMPHIPRION à trois bandes ou rayé.
3. CŒSION de Commerson.

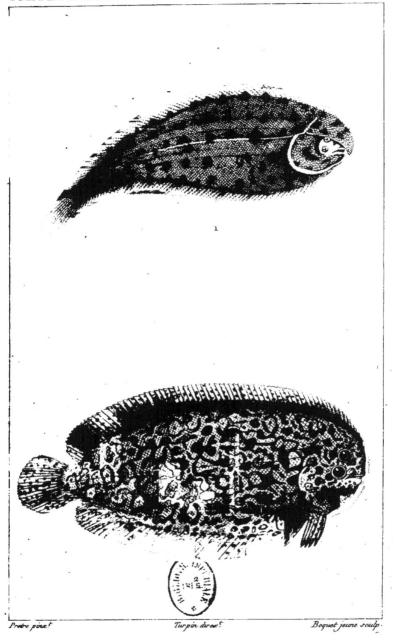

Pretre pinx.t   Turpin direx.t   Boquet jeune sculp.

1 PLAGUSIE , à double ligne.

2 ACHIRE marbré.

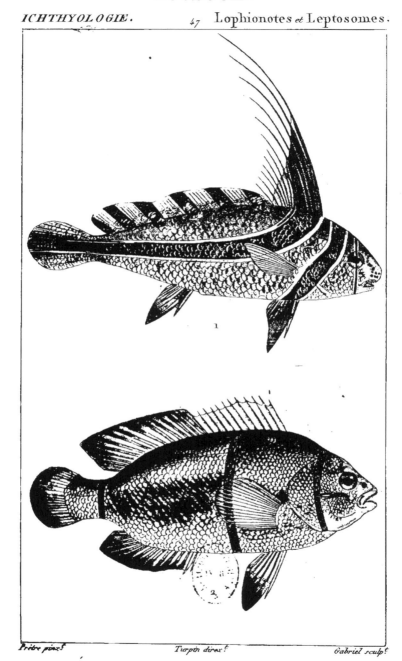

Prêtre pinx.　　　　　*Turpin direx.*　　　　　*Gabriel sculp.*

1. CHEVALIER américain.

2. PREMNADE à deux aiguillons.

Pretre pins.   Turpin direx.   Jayeau sculp.

1. HOLOCENTRE sogo.

2. GREMILLE goujonnière.

Prêtre pinx.^t   Turpin direx.^t   Massard sculp.^t

1. PRISTIPOME pique.

2. HOLOCENTRE sogo.

Prêtre pinx.^t   Turpin direx.^t   Plée sculp.^t

1. LONCHURE , barbu.

2. SCIÈNE Corbeau de mer.

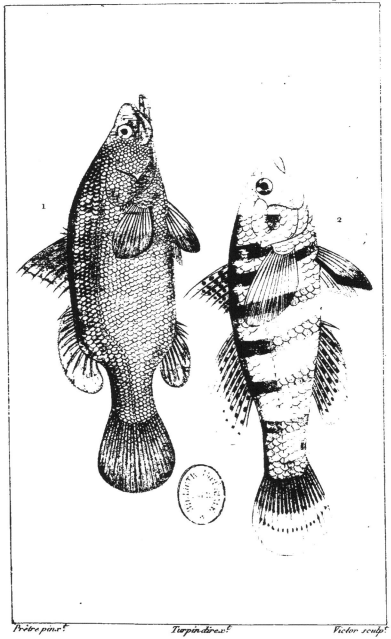

Prêtre pinx.^t   Turpin direx.^t   Victor sculp.^t

1. CENTROPOME Kéchr.

2. PROCHILUS macrolépidote.

1   2

Prêtre pinx.^{t} Turpin direx.^{t} Massard sculp.^{t}

1. JOHNIUS carutta.

2. POGONIAS fascé.

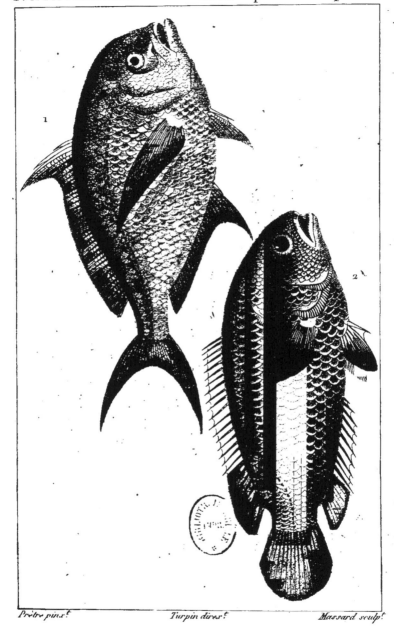

Prêtre pinx.^t   Turpin direx.^t   Massard sculp.^t

1. CASTAGNOLE commune.

2. ANABAS grimpeur.

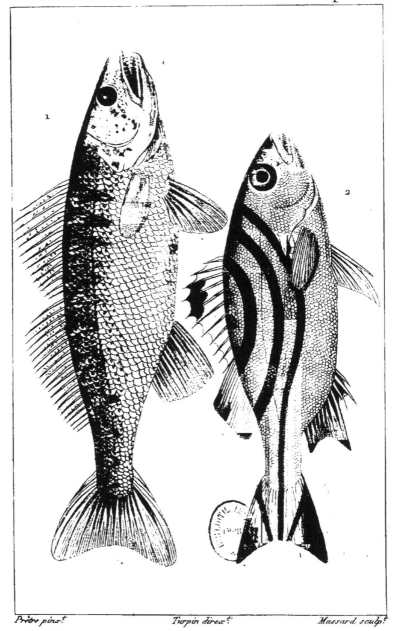

Prêtre pinx.t   *Turpin direx.t*   *Massard sculp.t*

1. SANDRE ordinaire.

2. ESCLAVE Jarbua.

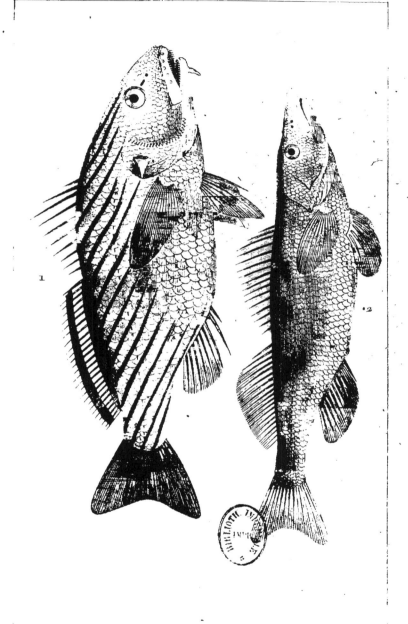

Prêtre pinx.   *Turpin direx.*   *Plée sculp.*

1. OMBRINE barbue.

2. CINGLE zingel.

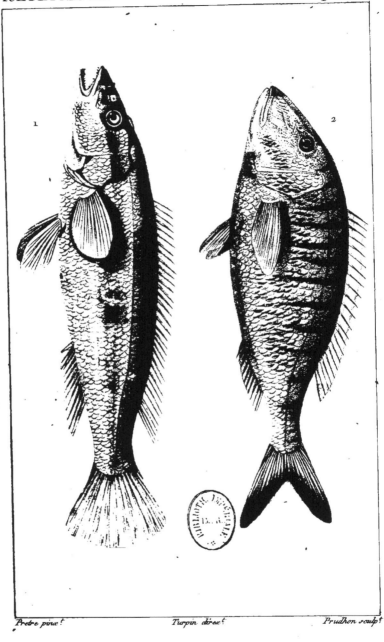

Pretre pinx.ᵗ   *Turpin direx.ᵗ*   *Prudhon sculp.ᵗ*

1. LABRE tourd.

2. PAGRE mormyre.

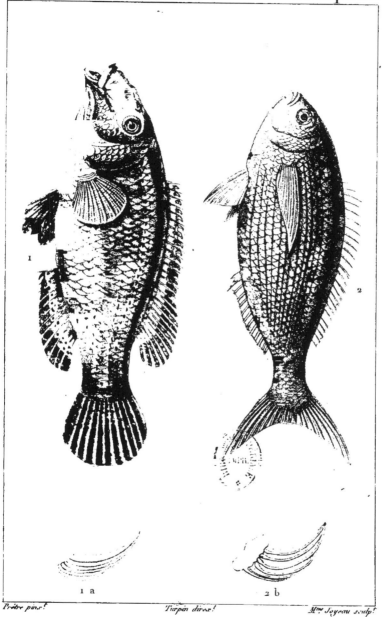

Prêtre pinx.!   Turpin direx!   M.me Joyeau sculp.!

1. LABRE paon. 1.a *Branchies*.

2. BOGUE oblade. 2.b *Branchies*.

Prêtre pinx.   Turpin direx.   Joyeau sculp.

1. POMATOME télescope.

2. SURMULET rouget.

Prêtre pinx.?   *Turpin direx.*?   *Massard sculp.*?

1. PTÉROÏS volant.

2. TÆNIANOTE large-raie.

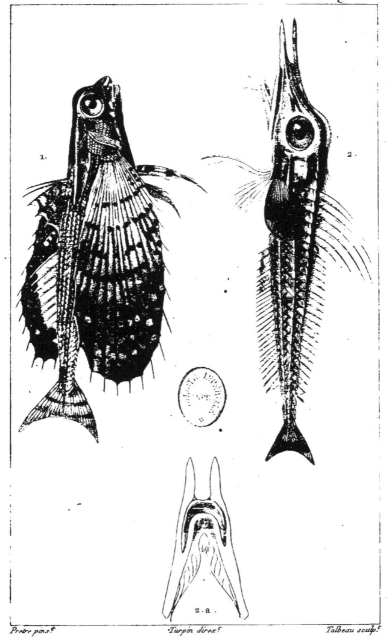

Prêtre pinx.t   Turpin direx.t   Talbeau sculp.t

1. DACTYLOPTÈRE pirabèbe.

2. PÉRISTÉDION malarmat.

2.a. *Tête du* péristédion *vue en dessous.*

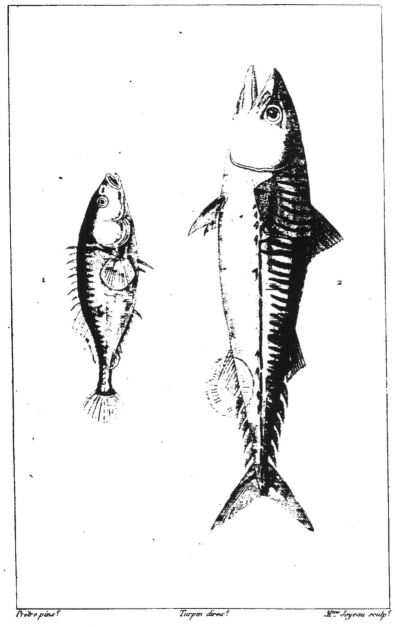

Prêtre pinx.ᵗ   Turpin direx.ᵗ   Mᵐᵉ Joyeau sculp.ᵗ

1. GASTÉROSTÉE épinochette.

2. MAQUEREAU commun.

Prêtre pinx.ᵗ   Turpin direx.ᵗ   Mᵉ Joyeau sculp.ᵗ

SÉRIOLE de Duméril.

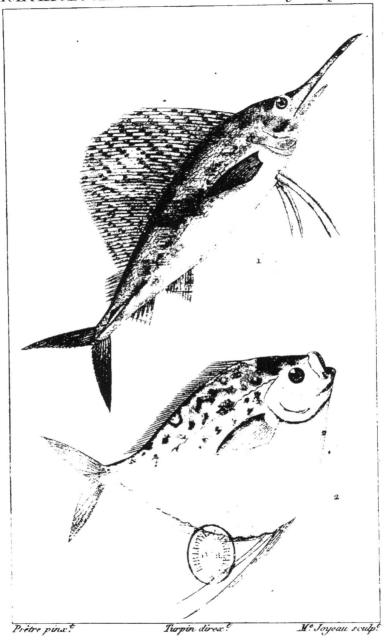

Prêtre pinx.ᵗ   Turpin direx.ᵗ   Mᵉ Joyeau sculp.ᵗ

1. ISTIOPHORE voilier.

2. MÉNÉ Anne-Caroline.

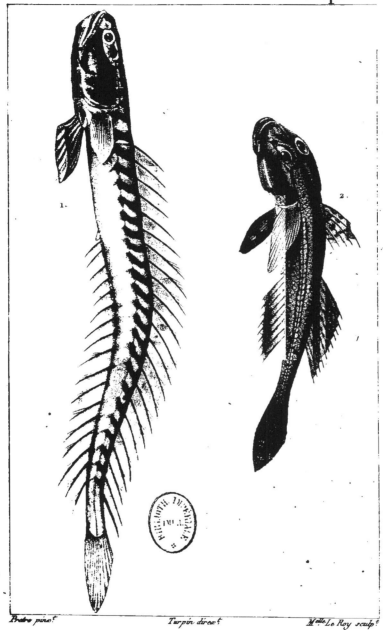

Bretre pinx.?   Turpin direx.?   M.elle Le Roy sculp.?

1. GOBIOÏDE broussonet.

2. GOBIE menu.

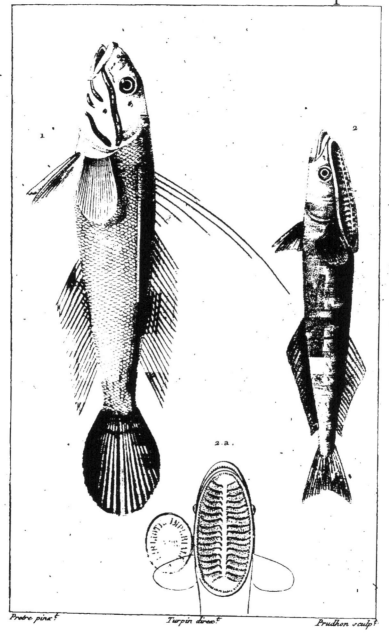

Pretre pinx.^t   Turpin direx.^t   Prudhon sculp.^t

1. GOBIOMORE taiboa. *(Lacépède.)*

2. ECHÉNÉIDE remora.

2.a. *Tête de l'Echénéide vue en dessus.*

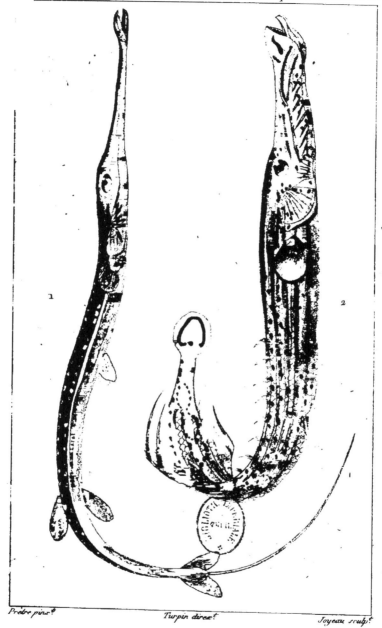

Prêtre pinx.t   Turpin direx.t   Joyeau sculp.t

1. FISTULAIRE à filet.

2. AULOSTOME chinois.

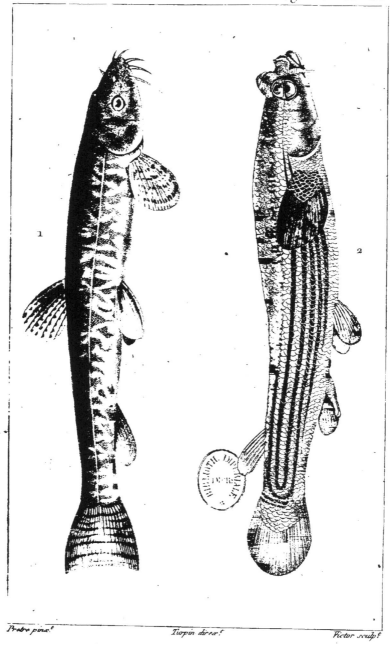

Prêtre pinx.   Turpin direx.   Victor sculp.

1. COBITE loche franche.

2. ANABLEPS de Surinam.

1. POLYNÈME plébéien.

2. CHÉILODIPTÈRE heptacanthe.

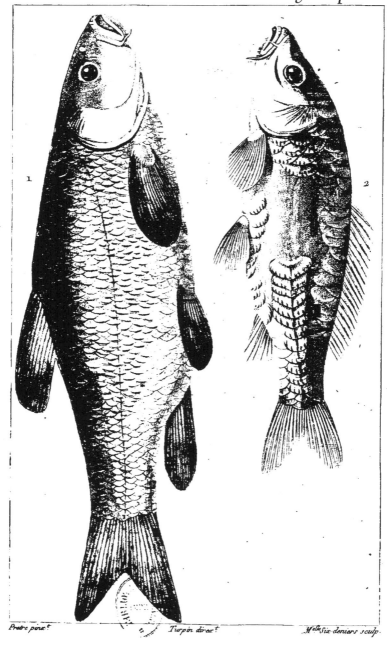

Pretre pinx.t   Turpin direx.t   M.elle Six deniers sculp.

1. LA TANCHE ORDINAIRE.

2. LA REINE DES CARPES.

Pretre pinx.   Turpin direx.   Prudhon sculp.

1. BARBEAU commun.

2. ABLE ablette.

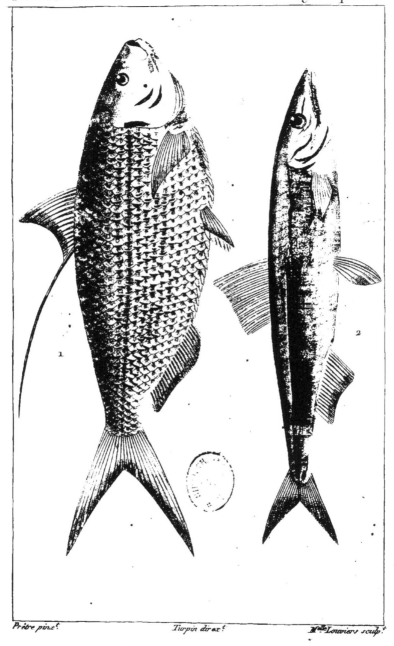

Prêtre pinx.t   Turpin direx.t   M.lle Louviers sculp.t

1. MÉGALOPE cailleu-tassart.

2. ANCHOIS vulgaire.

Dermoptères.

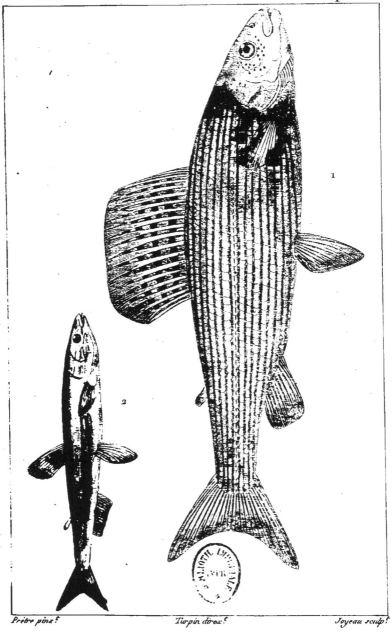

Prêtre pinx.^t   Turpin direx.^t   Joyeau sculp.^t

1. CORÉGONE thymalle.

2. EPERLAN commun.

Prêtre pinx.   *Timpin direx.*   *Bocourt sculp.*

1. **ARGENTINE** hautin.

2. **TRUITE** saumonée.

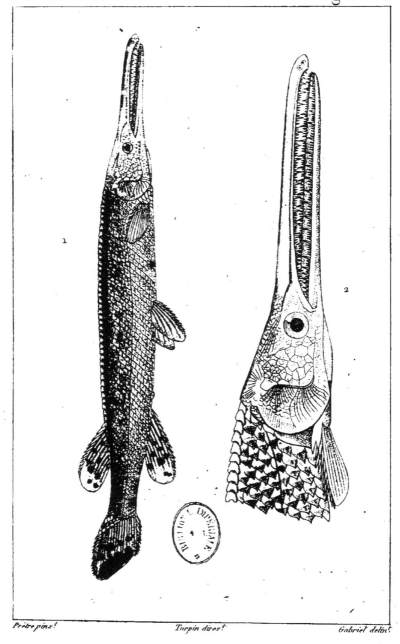

Prêtre pinx.!   Turpin direx.!   Gabriel delin.!

1. LÉPISOSTÉE caïman.

2. *Sa tête vue isolément.*

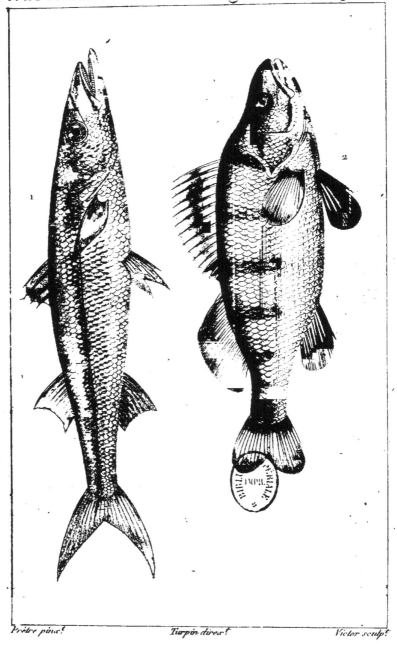

Prêtre pinx.¹   Turpin direx.¹   Victor sculp.¹

1. SPHYRÈNE Spet.

2. PERSÈQUE commune.

Pretre pinx.ᵗ　　　　Turpin direx.ᵗ　　　　Nargeot sculp.ᵗ

1. SCOMBRÉSOCE campérien.

2. POLYPTÈRE bichir.

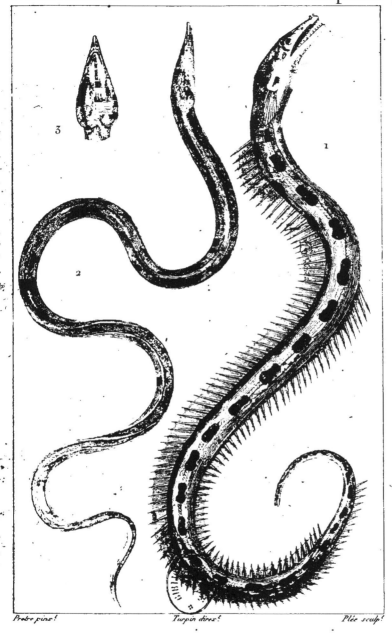

Prêtre pins.ᵗ   Turpin direx.ᵗ   Plée sculp.ᵗ

1. OPHISURE Serpent de mer.

2. APTERICHTHE aveugle.

3. Tête, vue en dessous.

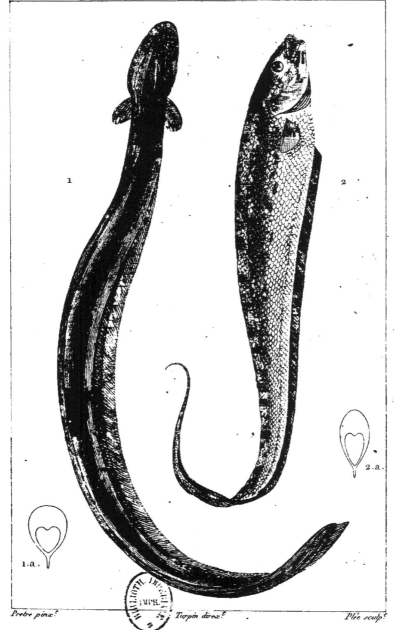

1. GYMNONOTE électrique.

2. CARAPE à longue queue.

1.a. *Coupe du corps du Gymnonote.* 2.a. *Id. du Carape.*

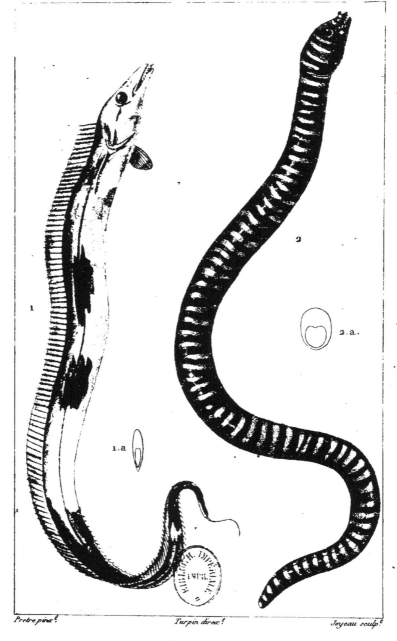

Pretre pinx. Turpin direx. Joyeau sculp.

1. CEINTURE de mer. 1.a. *Coupe du corps.*

2. GYMNOMURÈNE cerclée.

2.a. *Coupe du corps.*

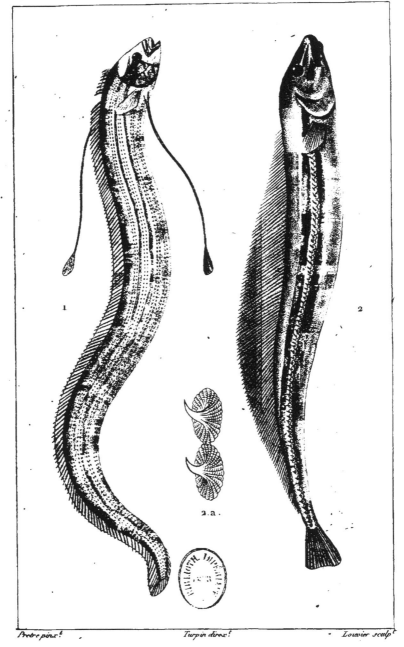

Prètre pinx.^t Turpin direx.^t Louvier sculp.^t

1. RÉGALEC glesne.

2. BOGMARE d'Islande.

2.a. *Tubercules épineux de la ligne latérale.*

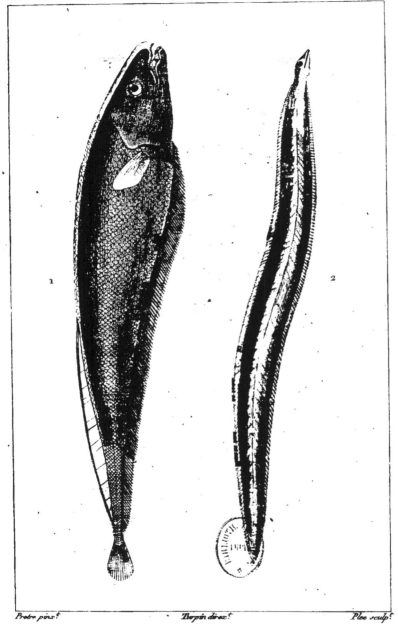

Prêtre pinx.t   Tarpin direx.t   Plée sculp.t

1. APTÉRONOTE à front blanc.

2. LEPTOCÉPHALE morrisien.

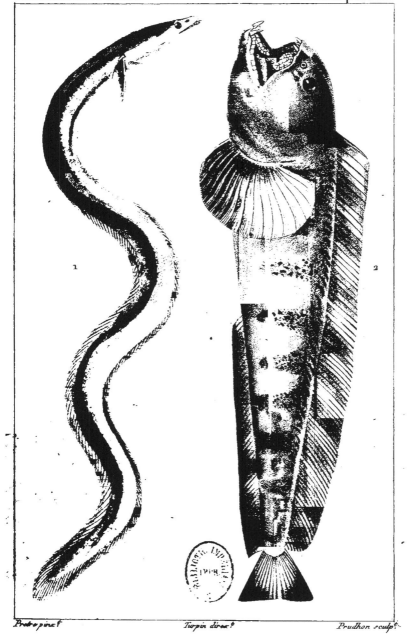

Prête pinx.ᵗ   Turpin direx.ᵗ   Prudhon sculp.ᵗ

1. MURÈNE anguille.

2. ANARRHIQUE loup-marin.

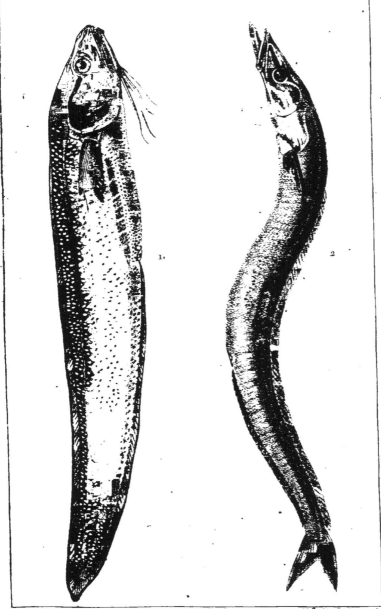

Pretre pinx.!   Turpin dirext   M.elle Sise deniers sculp.

1 DONZELLE de la méditerranée.

2 AMMODYTE appat.

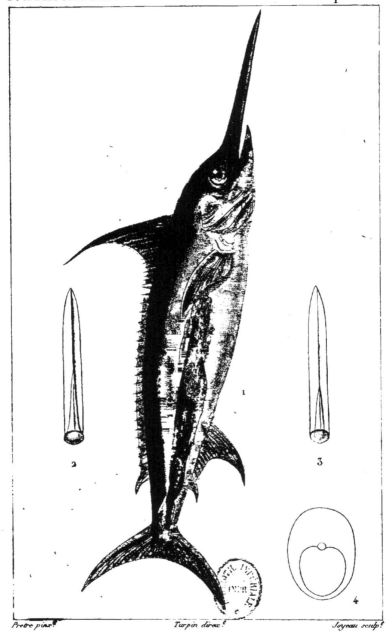

Pretre pinx. Turpin direx. Joyeau sculp.

1. ESPADON.

2 et 3. *Glaive qui termine son museau.*

4. *Coupe du corps.*

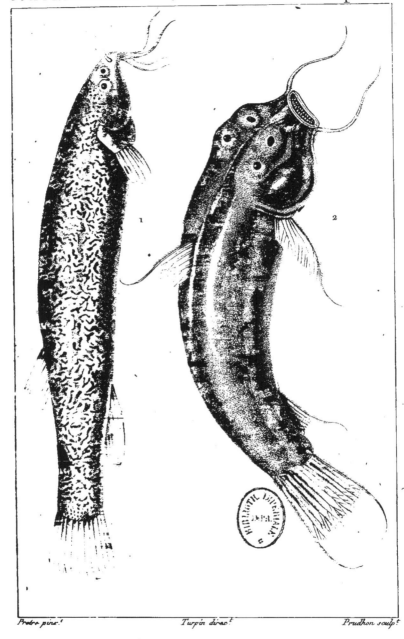

Prebe pinx.ᵗ   Turpin direx.ᵗ   Prudhon sculp.ᵗ

1. ÉRÉMOPHILE de Mutis.

2. ASTROBLÈPE de Grixalva.

REPTILES

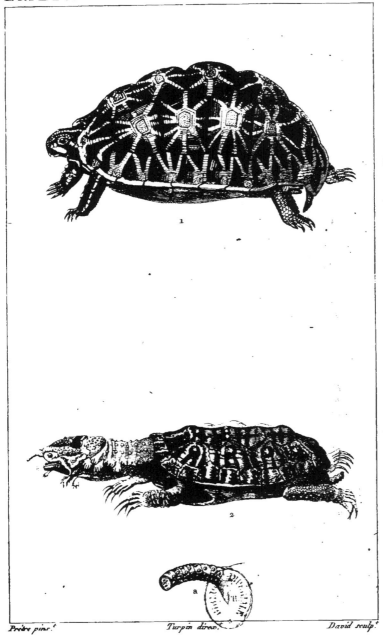

Prêtre pins.ᵗ Turpin direx. David sculp.ᵗ

1. *TORTUE* géométrique.

2. *CHÉLYDE* Matamata. a. *Le prolongement de son museau.*

Pédre pinx! *Turpin direx!* *Guyard sculp!*

1. CHÉLONÉE rayée.

2. *La même, vue en dessous.*

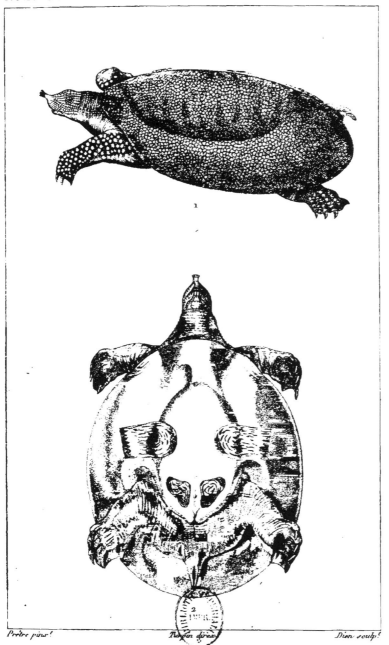

1. TRIONYX du Nil.

2. *Le même, vu en dessous.*

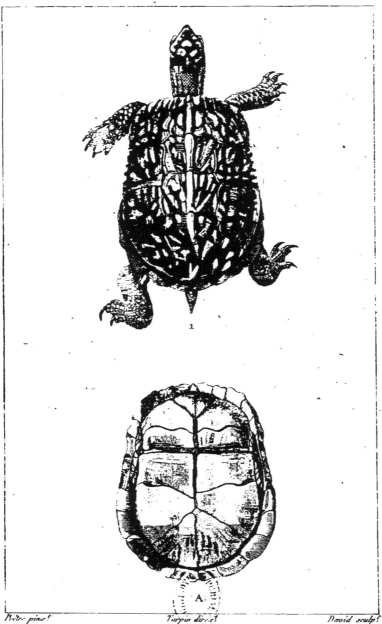

1. *EMYDE* close.

A. *La même vue en dessous et ramassée dans son bouclier.*

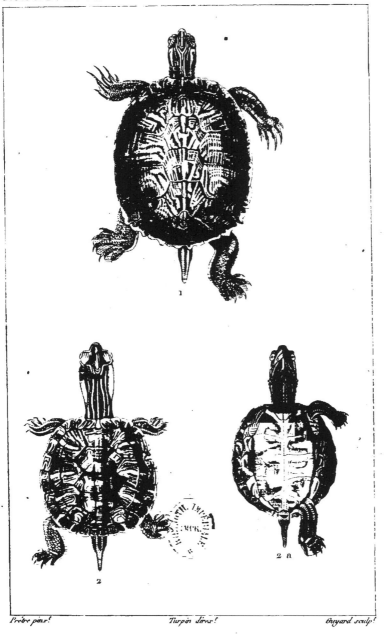

1. EMYDE écrite.

2. La même, plus jeune. 2.a La même, vue en dessous.

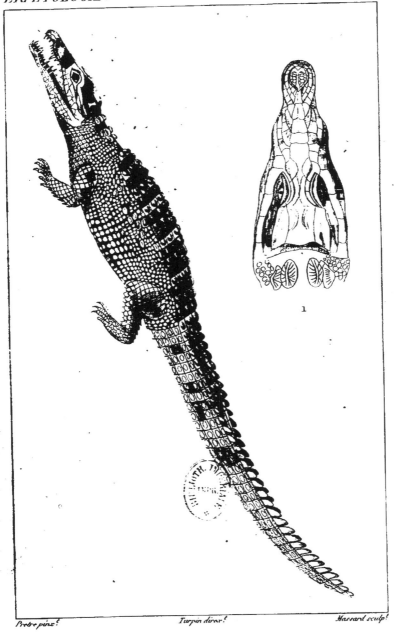

Prêtre pinx.t   Turpin direx.t   Massard sculp.t

MONITOR du Nil.

1. Tête vue en dessus.

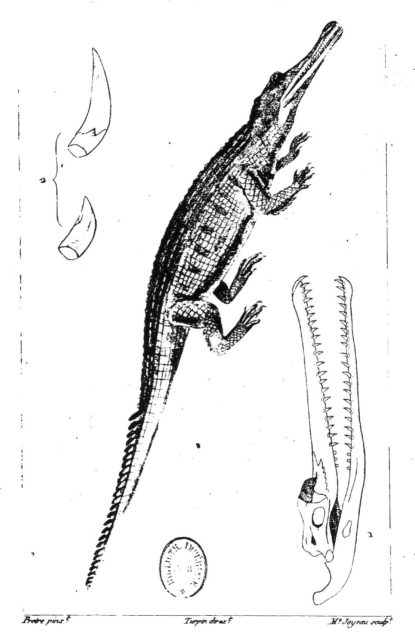

Prêtre pinx.^t   Turpin direx.^t   Me Joyeau sculp.^t

GAVIAL du Gange.

1. *Squelette de la tête.* 2. *Dents isolées.*

Prêtre pinx.^t   Turpin direx.^t   David sculp.^t

CAYMAN à lunettes.

1. *Sa tête vue en dessus*.

2. *Œuf du Crocodile de St Domingue*.

Prêtre pinx.ᵗ   Turpin direx.ᵗ   Mᵉ Massard sculp.ᵗ

1. *LOPHYRE* à casque fourchu.

2. *LOPHYRE* sourcilleux.

Prève pinx.t   Turpin direx.t   Massard sculp.t

BASILIC d'Amboine.

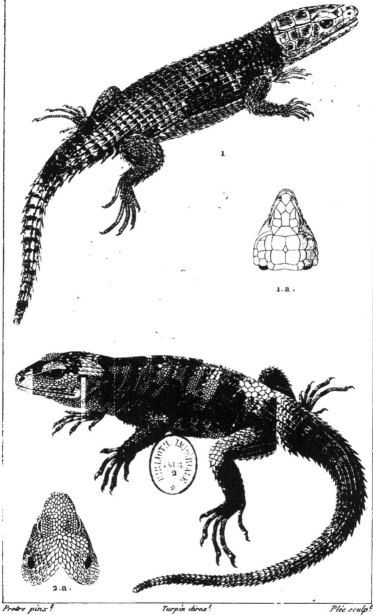

Pretre pinx.ᵗ   Turpin direx.ᵗ   Plée sculp.ᵗ

1. CORDYLE. 1.a. *Tête vue en dessus.*

2. STELLION du Levant.

2.a. *Tête vue en dessus.*

Prêtre pinx.ᵗ   Turpin direx.ᵗ   Mᵉ Joyeau sculp.ᵗ

IGUANE ordinaire.

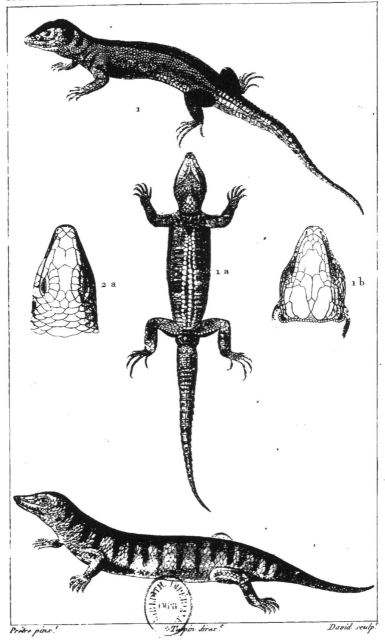

Prêtre pins.' Turpin direx.' David sculp.'

1. *LÉZARD* verd.

1 a. *Le même, vu en dessous.* 1 b. *Sa tête, vue en dessus.*

2. *SCINQUE* des boutiques. 2 a. *Sa tête, vue en dessus.*

Prêtre pinx.ᵗ   Tupin direx.ᵗ   Carnonkel sculp.

1 AGAME du Port Jackson.

2 ANOLIS du Cap. a.*patte vue en dessous.*

Prêtre pinx.ᵗ   Turpin direx.ᵗ   Prudhon sculp.ᵗ

1. *DRAGON* de Java.

2. *CAMÉLÉON* bifide.

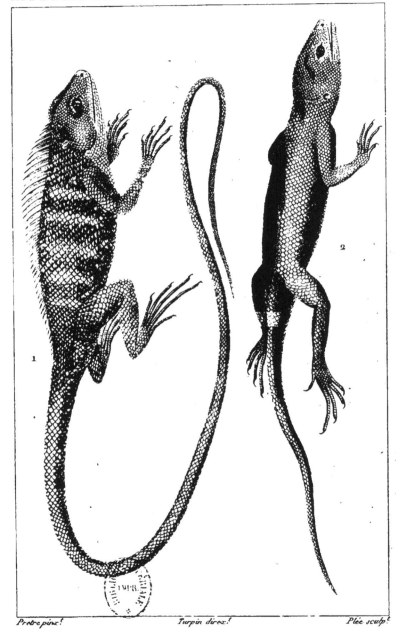

Pretre pinx.   Turpin direx.   Plée sculp.

1. GALÉOTE des Indes.

2. CHANGEANT d'Egypte.

Prêtre pinx!   Turpin direx!   Mᵉ Massard sculp!

1. *LÉZARD* Ameiva.

2. *SAUVEGARDE* d'Amérique. 2 a .Sa tête vue en dessous.

1 1.a

2

Prêtre pinx.   *Turpin direx.*   *Me Massard sculp.*

1. *GECKO* des maisons. 1.a. *Son anus et le dessous de ses pattes.*

2. *PHYLLURE* de la nouvelle Hollande.

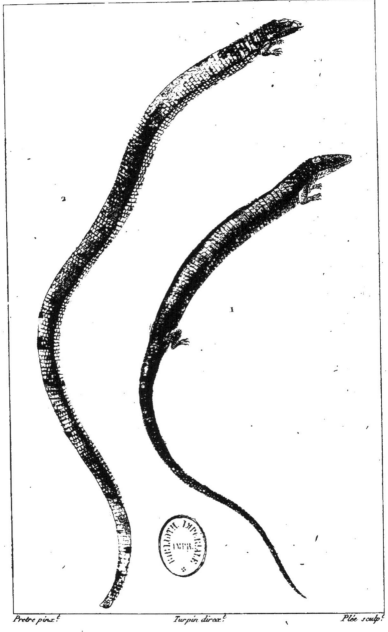

Pretre pinx.^t   Turpin direx.^t   Plée sculp.^t

1. CHALCIDE.

2. CHIROTE Méxicain.

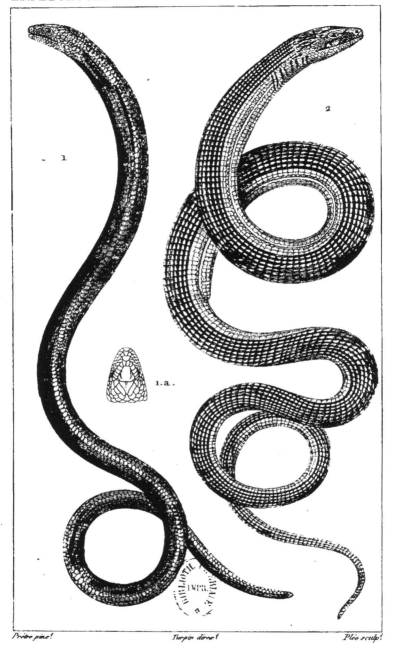

Prêtre pinx.ᵗ   Turpin direx.ᵗ   Plée sculp.ᵗ

1. ORVET commun. 1.a. *Tête vue en dessus.*

2. OPHISAURE ventral.

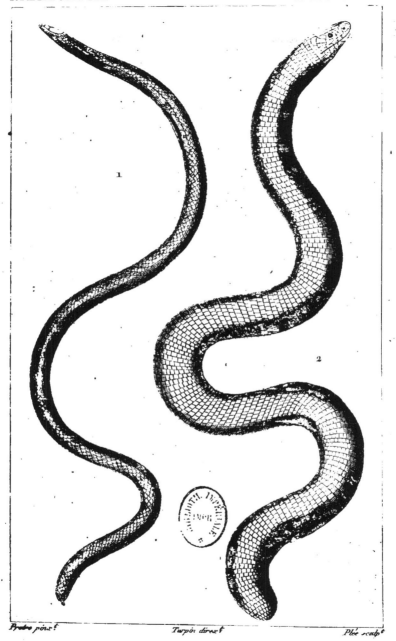

Probo pinx.t   Turpin direx.t   Plée sculp.t

1. TYPHLOPS lombricoïd.

2. AMPHISBÈNE blanchâtre.

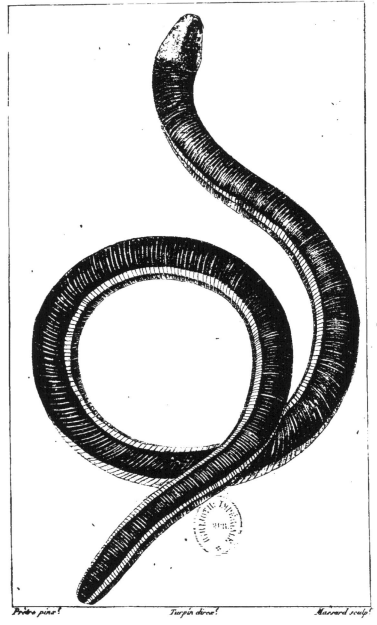

Prière pinx.̄   Turpin direx.̄   Massard sculp.̄

CÉCILIE glutineuse.

Pret-a-pinx.   Turpin direx.   Boquet jeune sculp.

ACROCHORDE à bandes.

1 *Tubercules grossis.*

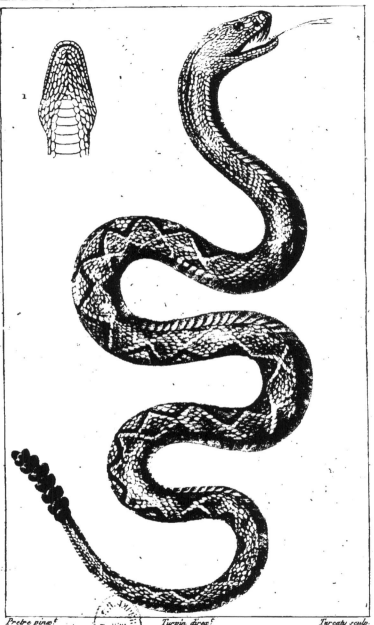

Pretre pinx.^t   Turpin direx.^t   Turcaty sculp.

CROTALE à lozanges.

1. *La Tête vue en dessous.*

Prêtre pinx.ᵗ   Turpin direx.ᵗ   MᵐᵉMassard sculp.ᵗ

1. VIPÈRE Hæmachate.

2. TRIGONOCÉPHALE fer-de-lance.

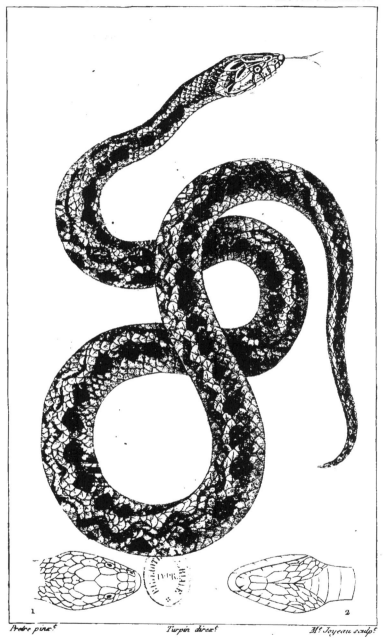

Prebre pinx.ᵗ   Turpin direx.ᵗ   Mᶜ Joyeau sculp.ᵗ

COULEUVRE vipérine.

1.Tête vue en dessus. 2.Tête vue en dessous.

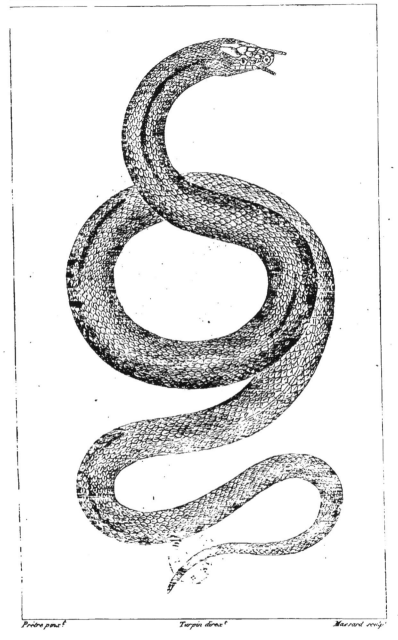

Prêtre pinx.t   Turpin direx.t   Massard sculp.

ERPÉTON tentaculé.

Prêtre pinx!.　　　Turpin direx!.　　　Massard sculp!.

PYTHON améthyste.

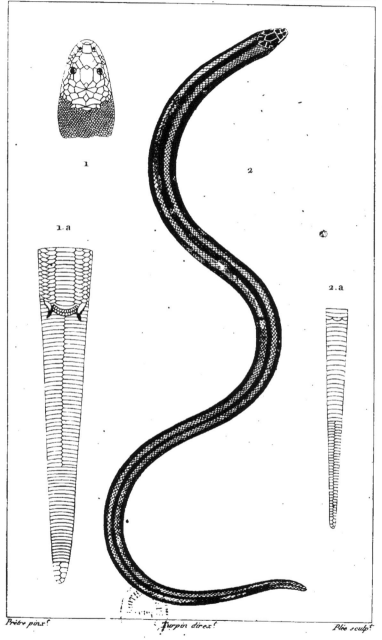

Prêtre pinx.ᵗ   Turpin direx.ᵗ   Plée sculp.ᵗ

1. PYTHON Bora . 1.a . *Partie inférieure.*

2. HURRIAH à deux raies . 2.a . *Partie inférieure .*

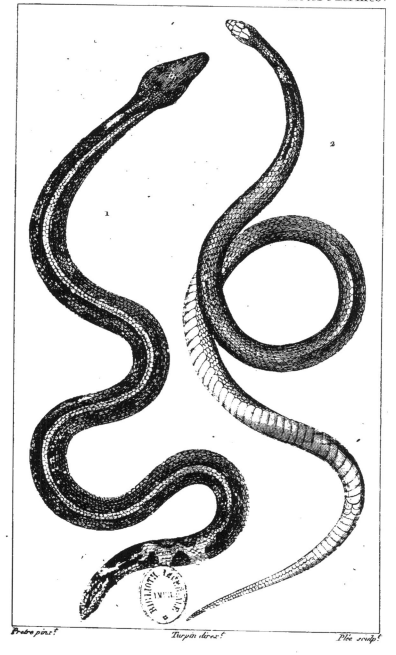

1. PÉLAMIDE bicolore.

2. TRIMÉRÉSURE petite-tête.

Prêtre pinx.ᵗ   Turpin direx.ᵗ   Mᵐᵉ Massard sculp.ᵗ

1. SCYTALE zigzag.

1.a. *Partie inférieure vue du côté de son ventre.* 1.b. *Ecailles isolées de son dos.*

2. LANGAHA à museau pointu. 2.a. *Ecailles isolées.*

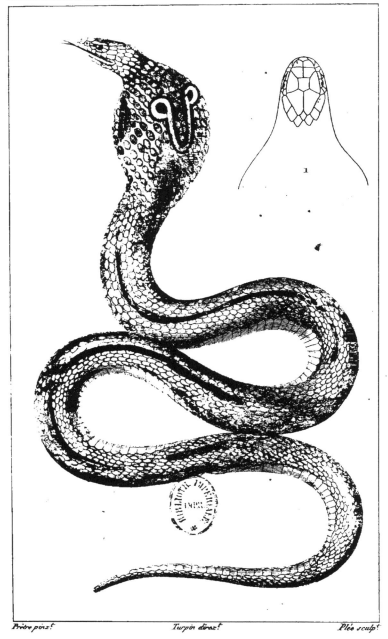

Prêtre pinx.t Turpin direx.t Plée sculp.t

NAJA à lunettes. 1. *Sa tête vue en dessus.*

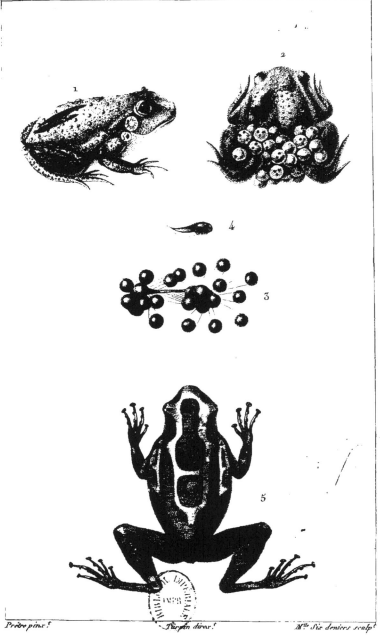

Prêtre pinx.ᵗ   *Turpin direx.ᵗ*   Mᶫᶫᵉ Six deniers sculpᵗ

1. CRAPAUD accoucheur.
2. CRAPAUD accoucheur, *mâle, chargé des œufs.*
3. *Les œufs et les liens qui les fixent.*
4. *Jeune* tétard *du* crapaud *accoucheur.*
5. RAINETTE à tapirer.

Prêtre pinx.ᵗ   Turpin direx.ᵗ   Victor sculp.ᵗ

GRENOUILLE verte.

1.2.3. *La tête et les pattes vues en dessous.*

Pretre pinx.t   Turpin direx.t   Prudhon sculp.

PIPAS. le Pipa de Surinam.

a. *Têtards du Pipa tirés de leurs alvéoles et de grandeur naturelle.*

1. vu en dessus. 2. vu en dessous.

Prêtre pinx.!   Turpin direx.!   M.r Massard sculp.!

1. *SALAMANDRE* terrestre.

2. *TRITON* crêté.

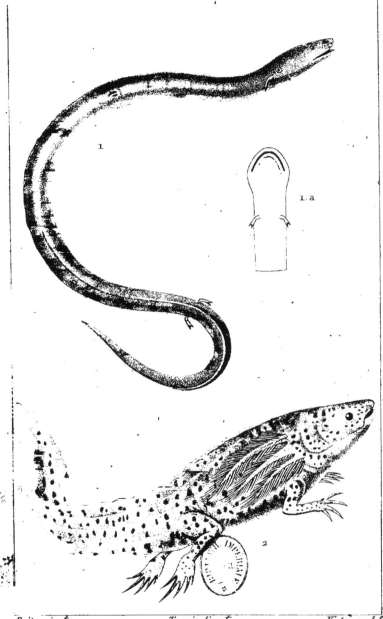

Prêtre pinx.t   Turpin direx.t   Victor sculp.t

1. *AMPHIUMA* means.

1.a. *Sa tête et ses pieds de devant vus par dessous.*

2. *AXOLOTL* du Méxique.

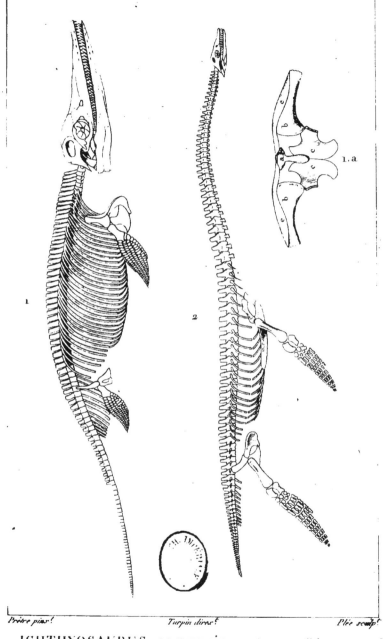

1. ICHTHYOSAURUS communis. 1.a. *Son appareil humero-sternal.*

a. *Sternum.* bb. *Scapulum ou omoplate.* cc. *Coracoïdes.* ee. *Clavicules.*

2. PLESIOSAURUS dolichodeirus.

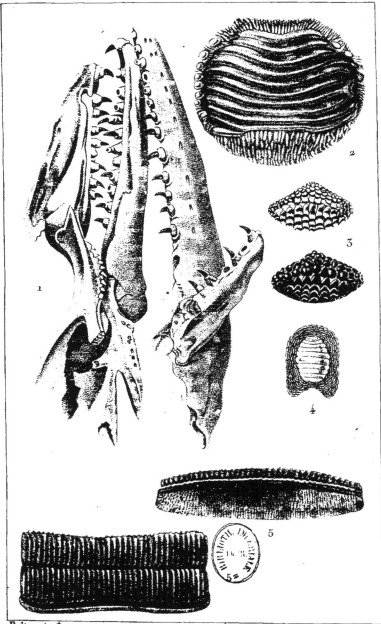

Prêtre pinx.t   Turpin direx.t   H.Legrand sculp.t

1. *Mâchoire du* MOSASAURUS *trouvée à Maëstricht.* 2,3,4 *et* 5.*Palais*

de différentes espèces de poissons inconnus.

Fossiles.

ERPÉTOLOGIE.

PTÉRODACTYLE à museau allongé. 1. Pied de derrière de ce reptile.

Prêtre pinx.	Turpin direx.	Massard sculp.

Imprimé en France
FROC031338220120
23240FR00016B/285/P

9 782329 355917